你一定想不到

趣解生命密码系列

地球生命的未来

尹 烨 著　杨子艺 绘

U0258724

中信出版集团 | 北京

图书在版编目（CIP）数据

趣解生命密码系列.地球生命的未来/尹烨著；杨子艺绘.--北京：中信出版社，2021.1

ISBN 978-7-5217-2608-4

Ⅰ.①趣… Ⅱ.①尹…②杨… Ⅲ.①生物学—少儿读物 Ⅳ.①Q-49

中国版本图书馆 CIP 数据核字（2020）第 255416 号

趣解生命密码系列·地球生命的未来

著　者：尹烨
绘　者：杨子艺
出版发行：中信出版集团股份有限公司
　　　　　（北京市朝阳区惠新东街甲4号富盛大厦2座　邮编100029）
承 印 者：三河市中晟雅豪印务有限公司

开　本：787mm×1092mm　1/16　　印　张：6.75　　字　数：42千字
版　次：2021年1月第1版　　　　　印　次：2021年1月第1次印刷
书　号：ISBN 978-7-5217-2608-4
定　价：48.00元

如果说生命是一套复杂的代码，那么我相信人类的代码中有爱。

愿每一个孩子在生命科学的世界里，发现新的乐趣和方向。

——尹烨

解读生命密码，
发现更美好的未来！

尹传红

中国科普作家协会副秘书长
《科普时报》原总编辑

　　科幻小说中描绘的未来，正在以各种方式和惊人的速度，"浸入"到我们的现实生活里。而日新月异、时刻迭代的生命基因科学技术作为一支不容忽视的强大力量，已然开拓出种种新的可能，极大地扩充了我们对世界的认知，也必将对人类社会的未来产生深远的影响。

　　比如，成功的基因疗法让那些长期困扰人类的健康问题，从"根"上就能得到解决！我们已经获取了许多有关健康问题的基因规律。相应地，就可以有针对性地制造新药或进行治疗。这一切，都是拜生命基因科学技术发展之所赐。

然而，对于被称为"生命的密码"的生命基因科学，我们又了解多少呢；你是否知道，为什么有的男孩子喜欢打篮球却不喜欢吹笛子；国宝大熊猫为什么喜欢吃竹子；憨憨的大象为什么几乎不患癌症；威猛的恐龙和猛犸象到底能不能复活……

翻开这套书吧，你定能惊喜地找到答案，并且延伸更多的思考。

在这套图文并茂、饶有趣味的书里，尹烨博士还从多个角度立体地阐释了生命基因科学的一系列基础问题：我们为什么不一样？地球上什么时候出现了生命？生命如何步步演化以适应严酷的生存环境？智慧是怎样诞生的？书中还以十分通俗的语言，揭示了地球上万千物种里的基因奥秘，描述了基因中的缺陷导致的疾病，并探讨了未来对这些疾病的治疗，展望了生命基因科学技术在治疗疾病、改善人类生活质量等方面的应用。

全套书在内容的选取上，也非常贴近日常生活。餐桌网红小龙虾、奇异的传粉昆虫、长寿的银杏、会摆头的向日葵、争奇斗艳的花儿，还有让一些人着迷的灵芝……几乎每个部分都由一个鲜活、常见的生活话题，引出要探讨的有意思的生命科学话题。

为了让孩子们阅读时能更加投入，全书精心打造了故事人物形象。我们的作者化身博学多才、幽默风趣的"尹哥"，在书中耐心地为孩子们答疑解惑、指点迷津，将生命科学知识点故事化、场景化，让大家进入角色，沉浸其中，在体验中学习，在探索中思考。全套书中还配有将近500幅"自带生命"的手绘图片，它们生动、形象、谐趣，为每个知识点铺垫添彩，尽展科学魅力。

尹烨博士的这一新作堪称一部精彩的"生命之书"。相信孩子们读过后，对生命、生灵、自然、万物以及人与自然的关系等，会有一番新的认识和省思。

我为孩子们能读到这套书而高兴，也非常乐于向大家推荐这套优秀的生命基因科学探秘书。真诚希望这套书伴随着你们的阅读和思考，能够带给你们心智的启迪和精神的享受，并且增益你们的智慧，助力你们的进步，见证你们的成长！

解读生命密码，发现更美好的未来！

祝大家阅读快乐！

序言二

基因密码，
打开绚丽多彩的世界

邢立达

古生物学者、知名科普作家
中国地质大学（北京）副教授

　　基因作为生命的密码，它所包含的指令与我们的生活息息相关。放眼望去，我们身边无论猫狗鱼虫，还是花草树木，这些动植物身上都携带着基因，各式各样，纷繁复杂。想不到吧，尽管表面看起来差异巨大，它们竟有不少与我们人类有着同样的基因！当然，基因的奇妙之处远不止于此。所以从这个角度来说，给小朋友普及一些与日常生活息息相关的基因知识，是启迪心智、开阔视野，带他们进

一步认识这个绚丽多彩的世界的良方。

我所熟知的尹烨博士写的这套"你一定想不到：趣解生命密码系列"，就是专门为小朋友讲解生命基因科学知识的书。

在这套生命基因科普书中，尹烨博士化身为青年科学家"尹哥"一角，和两个儿童角色小华、小宁，以及智能机器人小 D，一起代入故事之中，由科学家与孩子们的互动问答，串联起生动有趣的科普知识。书中从多角度立体揭示了基因的奥秘，不仅特别讲到了长时间困扰大家的热点话题，如地球何时出现的生命、生命是如何步步演化的、为何会有疾病、生命将走向何方等，也穿插了诸多个人见解和反思，是一套专门写给孩子的生命科学启蒙书。

完全可以这么说，尹烨博士用有料、有趣、有用的内容，科学严谨的态度，以及孩子看得懂的语言，轻松解答那些古怪又让人忧心的问题。他不仅对复活猛犸象等问题进行了讲解和答疑，还用浅显的笔触，贴近日常生活的文字，诠释了生命之谜、之趣，毫无疑问，这是适合全家人一起阅读的生命科普佳作。

科普图书千千万，这套书可谓别开生面。它从基因着眼，从小朋友身边常见的鸟、兽、虫、鱼、花、草、树、木入手，更能让孩子近距离感受到基因的神奇之处。它通过讲述我们身边的生命科学知识，将喜闻乐见的话题融进生动活泼的故事，再辅以简洁易懂的文字和精美有趣的插图，如春雨般润物细无声，悄然呈现了遗传学、分子生物

学、基因组学、合成生物学等多个生命科学领域的知识，
展现了生命之美。

想必这就是这套图书创作的初衷。

愿小朋友们多多学习生命科学知识，更好地了解我们
人类自身，以及这个绚丽多彩的世界。

自序

写给小朋友的一封信

尹 烨

亲爱的小朋友们：

你们好！

我是尹哥，一名科技工作者，也是一名科普传播者。我特别喜欢生命科学，脑袋里有一堆和生物有关的故事，如果有小朋友问起，我的话匣子就关不上了，自己还常乐在其中。这不，我准备了一套书给你，里面是我给两个小朋友讲过的故事，还要向你们介绍一下我的小助手——智能机器人小 D，它也不时出镜，带给我们惊喜呢。

当你翻开这套书时，请想象自己的身体无限缩小，但记得把自己的思维无限展开，因为我们就要开始一段奇妙的旅行，前面等着我们的，是一次次时空变幻，一个个奇妙物种，一片片新的领域，你会看到一些你原本熟悉却并不了解的事。

也许你会不理解，有什么事情是你熟悉却不了解的呢？举个例子吧，你肯定知道青蛙，也知道它对人类有益，但你知道青蛙为什么曾被人强制洗牛奶浴吗？你常看见蚂蚁，也知道蚂蚁是大力士，可你知道蚂蚁当农夫的历史比人类还要久远吗？你知道每个人都是独特的，也知道每个人都面临生老病死，可你知道为什么有的人生下来就有缺陷，而有的人老了会忘记一切吗？还有还有，你知道科技为我们的生活带来了便利，知道现代医学能拯救许多生命，可你知道如何能让瘫痪的人站起来吗？如何才能使已经在地球上消失的动物复活？

我们生活的世界实在是太神奇了，人只是世间万物中的一员，而且在地球历史上出现的时间并不算长。假如地球只有一岁，人在最后一天的午夜才站上食物链顶端。我们真的没有那么厉害，自然界中许多动植物、微生物都有自己的过人之处，相对而言，在演化的长河中，人才是生存能力最弱的生物，而且，我们亏欠自然的也很多。要想继续待在食物链顶端，我们需要好好地向自然学习，与自然和谐相处。

我告诉你个小秘密，尹哥很可能是你的远远远房亲戚。别看我现在的个头比你们的大很多，但是，我们基因的相

似度却很高。这就提示我们大概在几万年前，我们有着共同的祖先。还有啊，你也许没有想过，你和身边的万物都有联系。基因是我们的遗传物质，正是因为有了父母提供的基因，世界上才有了你。当你外出踏青的时候，你脚下的小草其实是你的远亲；当你在动物园里看动物的时候，笼子里看着你的猴子、猩猩、狮子、大象……都与你拥有着共同的生命基础——细胞和基因；当你吃下每一口食物的时候，你肠道里的微生物同样因为获得食物而活跃不已，从年龄来算，它们都算是你的先祖，如今寄居在你的身体里，帮助你消化食物，也控制着你的情绪和行为。

生命实在是太奇妙了，我已经迫不及待地要和你分享

你和它们的故事。世界实在是太广阔了，远到 40 亿年前，近到一秒钟之前，每一个时间刻度上都有说不完的故事，每一个地方都有神奇的事情发生。

你准备好了吗？这就和尹哥、小华、小宁、小 D 一起出发，开始这段有趣的旅程吧！

人物介绍

尹哥

作者尹烨的科普形象，睿智幽默的青年生命科学科普达人。

小宁

爱好生物的女生，细心认真，爱追根问底，有时候会有些害羞。

小 华

对一切新事物好奇的男生，勇敢好学，爱动手帮忙，有时候会有些粗心。

小 D

生命科学智能机器人，能瞬间读懂每个生物基因组成，存储了现有生命的全部科学知识，有构建虚拟场景的超能力。

我们为什么不一样？

我们不一样！

我们一起讨论下
我们为什么不一样吧!

我们生而不同，无论是外貌、性格，还是习惯、喜好都不一样。正如"世界上没有两片相同的叶子"，世界上也没有绝对相同的两个人，即使是双胞胎也并非完全一样。

为什么我们会如此不同？答案便在基因里，甚至可以说，是它塑造了一切细胞生物，塑造了我们。每一个生命都对应着一本神奇的书，与生、老、病、死有关的所有信息，都被记录在内，我们不妨称它为生命之书。这本生命之书可不是用中文写的，它的语言体系叫碱基，碱基有 A（腺嘌呤）、T（胸腺嘧啶）、C（胞嘧啶）、G（鸟嘌呤）、U（尿嘧啶）五种，其中，A、T、C、G 组成 DNA（脱氧核糖核酸），A、C、G、U 组成 RAN（核糖核酸）。

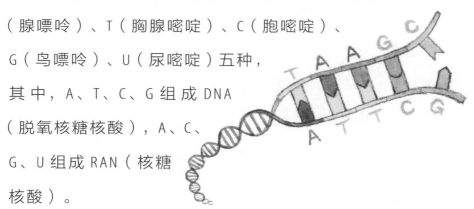

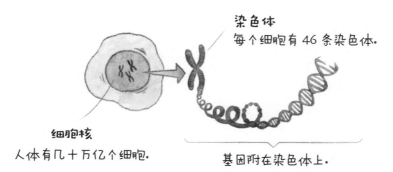

染色体
每个细胞有 46 条染色体。

细胞核
人体有几十万亿个细胞。

基因附在染色体上。

如果把生命比喻成乐曲，那么 A、T、C、G 就是乐谱，细胞则是演奏不同声部的乐手，生命体就是乐团。每时每刻，地球上都有新的生命乐曲奏响，也有乐团谢幕。

每支乐曲的风格不尽相同，比如苹果的听起来像摇滚风，香蕉的或许像古典乐，拟南芥和线虫的类似于童谣，而代表我们人类的，则是交响乐。

A、C、G、U 这四种碱基，可以构成 64 个遗传密码子，共合成 20 种氨基酸。这 20 种氨基酸帮助人类合成所需的蛋白质，维持生命的正常运转。

差点忘了介绍，我们人类的近亲有黑猩猩，远亲那可就多了：公园里的某棵树，树下晒太阳打盹的猫咪，树干上一步一步努力往上爬的蜗牛……如果我们能穿越到远古，甚至穿越到地球生命诞生之初，就会发现，孕育了世界多样性的，是在酸性海洋里悄然生长的有机物，它们正努力适应环境，孕育生命。

漫长的数十亿年过去，
在这颗蓝色星球上，生命来来往往。

有时上一刻还繁盛着，下一刻便离开了，
再也没有回来。

或许，
在不远的未来，它们有可能回来。

目录

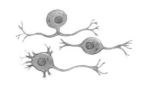

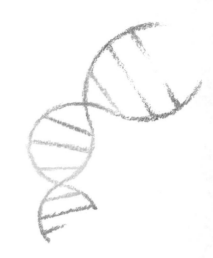

　　如果有人说，有办法知道每个人的天赋是什么，相信不少人都会好奇，都难以抵挡窥探"天机"的诱惑。就像多年前，人们热衷于做智商测试一样。

　　小华的妈妈在小的时候，就在父母的要求下做过智商测试。如今，她也相信天赋基因检测能预测孩子的未来。有人告诉她，只要采集小华的一口唾液，就能检测出小华近百种天赋基因，发现他真正擅长的事情，让他赢在起跑线上，继而走上人生巅峰。

　　小华的妈妈很激动，经人推荐，她为小华做了天赋基因检测，结果发现小华缺少运动天赋，但乐感很好，可以朝音乐方面培养。因此，她停掉了小华的足球和跆拳道课外兴趣班，给他报了长笛班和钢琴班。

咦？小华怎么吹起自己最讨厌的长笛了？

　　知道了检测结果的小华很失落，他明明喜欢的是运动，而不是音乐。

　　"乐感很好"这个评估就像是孙悟空头上的金箍一般束缚着他。从此，他在踢足球的时候不再全力奔跑，打篮球时不再奋力跳跃，输了比赛也无所谓，进不了球时反复告诉自己，"看来检测结果是对的，我果然不适合运动"。

　　而在他据说"擅长"的音乐方面，他也提不起精神，不喜欢天天拨弄乐器。每天几个小时的练习，对活泼好动的小华来说，简直是漫长的煎熬。

　　本应帮助小华更好地发挥天赋优势的天赋基因检测，却夺走了小华原本的快乐。

　　每个人都有天生擅长的事情，只是有的人天赋藏得比较深，可能一辈子都没有被发现。音乐、体育方面是最容

和我们一起玩吧！

真的存在天赋吗?

易看出天赋的，比如：莫扎特 4 岁谱曲，6 岁巡演；梅西少年时便驰骋足球场，进球无数；博尔特百米赛跑创下难以突破的 10 秒内纪录……如果说天赋让一个人更擅长某件事，那么努力练习就是为了让人们展现出这种天赋。

是的，但努力练习更重要。

可是，基因检测真的能发现我们的天赋吗？

我们得先来看看，科学家们是如何确定天赋基因的。

为了解天赋基因，有人为 1000 名运动员和 1000 名普通人做了基因检测。做检测的初衷是：既然运动员能力

突出，那他们不同于普通人的那些基因型，自然就是运动天赋基因了。

　　他们期待用这种办法找到运动天赋基因，作为评判孩子们是否具有运动天赋的标准。可是，天赋真的只与某一个基因有关吗？

　　在另外的研究中，人们发现，有的人具有运动员的特

殊基因，但是他们并不擅长运动，这说明这类人的特殊基因只是构成运动天赋的一环而已。

不只是运动天赋基因，人们也热衷于研究智力基因，但这仍然只是小范围的研究。天赋与基因有关系，并不意味着基因决定了天赋所在。

那些指望通过天赋基因检测走教育捷径的父母得失望了，言传身教的培养比什么都重要和有效。退一万步讲，要测也得父母先测，因为基因是遗传的啊，父母难道不应该先检讨自己为什么没发展出基因里的天赋吗？

如果父母再说要带你去做天赋基因检测，请大声地告诉他们：天赋检测不靠谱，我的未来我做主！

　　雨后，尹哥带着小华和小宁在树林里散步，他俩不时问一些不认识的植物名称。

　　突然，小宁往后退了一步，惊叫道："啊，蚯蚓！"

　　小华不屑地看向地面："蚯蚓有什么可怕的？"可是当他看到地上的蚯蚓时也愣住了。准确地说，那是分成了两截的蚯蚓，更惊悚的是，它们都在扭动。

　　"为什么会这样？"小华惊叫道。

"你们以前可能没注意,雨后蚯蚓会从泥土里爬出来,有时候会被踩断成两截,但它们还会再长出来新的身体。"尹哥解释道。

"再长出来新的身体?"小宁不解地重复道。

"是啊,有的生物具有断肢再生的能力,除了蚯蚓,海星、涡虫也具有这样的技能。"接下来,尹哥边走边为他们解释这个问题。

身体断成两截还能再长出新的身体,触腕断掉也能长出新的,是不是让你联想到《西游记》里的孙悟空?它们强大到似乎能永生。大自然中有不少神奇的生物,海星、涡虫、蚯蚓都具有超强的复原能力,断肢再生不在话下。这一点,作为人类的我们只能自叹不如。

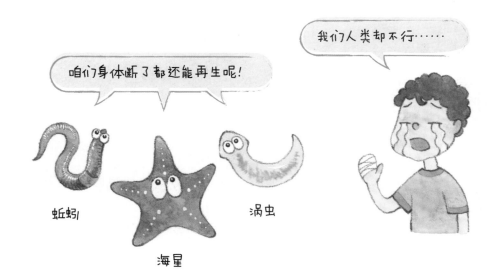

为什么蚯蚓这样的生物身体能够再生，人却不行呢？那就要问我们的干细胞了。干细胞是一类自我更新能力很强的细胞，具有无限更新能力和永生性。它可以分为全能干细胞、多能干细胞和单能干细胞三种。

当我们还是受精卵的时候，会一刻不停地分化着，逐渐从肉眼看不见的细胞，发育出脑袋、躯干、心肝脾肺肾等组织和器官，长成小婴儿的样子。其中起作用的就是干细胞。干细胞家族成员很多，为了人体正常运转，它们承担着不同的工作。如果没有来自外界的影响，这些已经分配好工作岗位的细胞，不会再回到干细胞的状态。这就是为什么我们没有蚯蚓的再生能力。

如果我们想要具有蚯蚓那样的能力，就需要让细胞重新回到干细胞的状态。

科学家们试着挑战这种不可能，他们试着让细胞重新具有分化能力。

2006 年，日本科学家山中伸弥教授取得了成功，并因此获得了 2012 年的诺贝尔奖。不过，目前这种技术的安全性仍有不确定的地方，还处在临床试验阶段。科学家们还发现，如果培养人体内存在的多能干细胞——间充质干细胞，它们就能够变成我们需要的肝细胞、心肌细胞、肌肉细胞、神经细胞等。

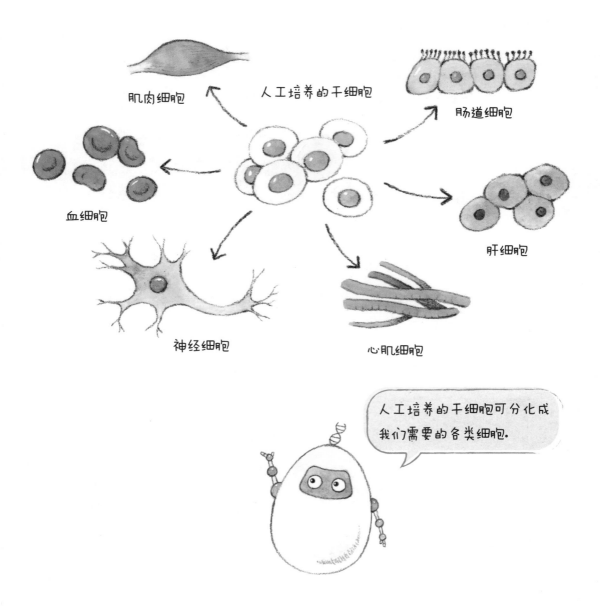

肌肉细胞

人工培养的干细胞

肠道细胞

血细胞

肝细胞

神经细胞

心肌细胞

人工培养的干细胞可分化成我们需要的各类细胞。

遗憾的是，这么好用的间充质干细胞，却会随着年龄的增长，在身体里变得越来越少。怎么解决这个问题呢？一个建议是：在小的时候就把间充质干细胞取出来保存好，方便以后使用。这些间充质干细胞大量存在于新生儿脐带血、胎盘以及儿童乳牙牙髓中。

如果小时候没有保存，成年后也有办法。成年人的骨髓、脂肪中都有这种干细胞，可以趁年轻提前保存。如果年轻时也没有保存，还可以提取皮肤真皮组织里的成纤维细胞，来诱导多能干细胞，方便自己使用。

"除了干细胞，我们还可以在年轻的时候保存一些免疫细胞，以防万一，未来可以用作免疫治疗。"尹哥解释道。

小华疑惑地问："听上去好复杂。还有一点我不太明白，干细胞是怎么变成器官的呢？"

"干细胞就像是可以千变万化的乐高积木，可以通过紧凑的安装拼接搭建出人体的器官。比如，一位老奶奶心脏出现了问题，影响了健康，我们可以用3D培养、3D打印等技术，把她的干细胞培养成一个心脏。其他器官也是一样。"尹哥回答。

人造器官　　　　　　　　　拼出心脏

"尹哥，我陪妈妈去过美容院，一位阿姨让妈妈在脸上注射干细胞，说这样可以让皮肤变好。这是真的吗？"小宁问道。

尹哥立即回答："请告诉你妈妈，现在这么做还不足

变！

够安全，即使在专业的医疗机构，这项技术也还在研究中。往脸上注射干细胞，原本是为了让皮肤变好，可干细胞的增殖和分化不容易控制，如果它们增殖过多，可能会让皮肤变得凸起。更严重的是，如果干细胞的分化停不下来，甚至有可能导致癌症。"

小宁吓得脸都白了："我要赶快回去告诉妈妈，不能贸然注射干细胞。"说完，她转身跑出了树林。

小华和尹哥看着她的背影笑了，尹哥接着说："相信随着科学的发展，干细胞不仅能让人变得更健康，还能让人变得更美。这样的未来不远了。"

小华说："希望干细胞也能够让我爷爷好起来，不要忘记我。"

尹哥笑着说："或许会有这么一天的。"

尹哥和小宁、小华一起在树林里逛，突然，小宁说："尹哥，那儿有个人！"

他们走近一看，一个人躺在地上，已经昏迷了。尹哥说："快拨120！"

昏迷的是名男性，因为不确定伤到了哪儿，大家没敢搬动他，只是守在他身边。救护车到了，尹哥不放心，就带着小华、小宁一起将他送到了医院。医生先对他的伤口进行了处理，又从他口袋里找到了身份证，得知他姓石。然后医生和尹哥交代了石先生的病情。

"他应该是摔断了椎骨，伤到了骨髓，经判断，是C7级别的颈椎完全性损伤。"医生说。尹哥明白，这意味着石先生的躯干和下肢已经瘫痪，可能没有机会再站起来了。

　　医生离开后，尹哥和小华、小宁送石先生到病房，等待他醒过来。

　　"尹哥，医生为什么说石先生再也站不起来了？"小华好奇地问。

　　"因为他的人体指挥系统被破坏了。"尹哥回答。

　　小华不解地追问："什么是人体指挥系统？"

　　"这是个比喻的说法。我们之所以能跑能跳，是因为我们的身体里有一个精密的控制系统：大脑发出命令，脊髓传达命令，神经系统指挥身体组织器官来执行。石先生的脊椎受损严重，大脑发出的命令，脊髓和神经系统无法配合执行，所以他很难再跑跑跳跳了。"尹哥说道。

　　"不仅如此，虽然从外表看，石先生的身体是完整的，但他的腿脚感受到的冷热、疼痛等感觉，再也不会被大脑识别了。他的身体与大脑已经断了联络，俨然成了两个孤岛。"尹哥补充道。

　　"尹哥，我还是不明白，我们受伤了都能恢复，为什么石先生不能呢？"小华追问。

　　"因为石先生的神经系统受伤了，这几乎是无法恢复和再生的。就像树木被砍倒，我们只会看到年轮，而无法

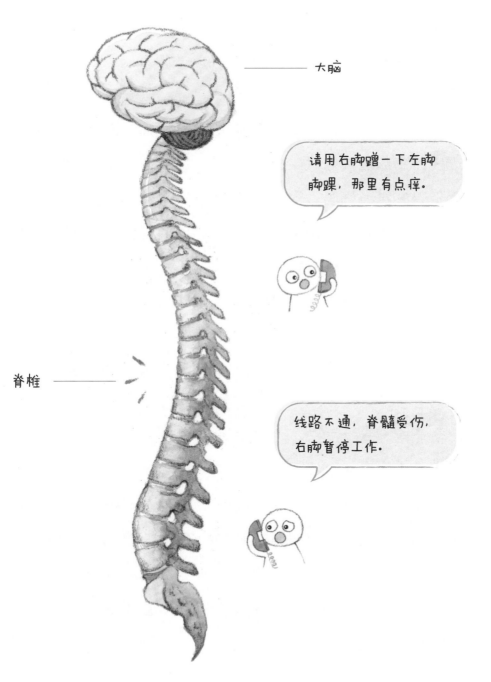

大脑

脊椎

请用右脚蹭一下左脚脚踝，那里有点痒。

线路不通，脊髓受伤，右脚暂停工作。

再看到这棵树长大了。"

尹哥解释完，小华和小宁对视一眼，脸上的表情都很凝重。

"水……"病床上的石先生发出了痛苦的呻吟。尹哥边按下病床边呼叫医生的按钮，边试着和石先生说话："你醒了？感觉还好吗？"

石先生睁开了眼睛，发现自己躺在病房里，问道："你们是谁？我为什么会在这里？"

"我们在树林里发现了你，把你送到了医院。"小华抢着回答。

"我想起来了。我在山上拍崖壁上的鸟窝，脚下一滑掉下去了。好疼啊……"石先生回忆道。

这时，医生来了。为了方便医生治疗，尹哥和小华、小宁退出了病房。

小宁紧锁着眉头，担心地问："尹哥，石先生看起来还不知道自己不能再走路了，真的没有办法治好他吗？"

尹哥想了想，说："我们的神经元细胞之所以难以大量再生，是因为它们已经高度分化了，就像烤箱已经设定成烘烤蛋糕的程序，那最后的成品一定是蛋糕，而不会是别的东西。不过，科学家们从未放弃研究让神经元细胞再生的方法，也就是重新恢复烤箱的设定，让它能烤出任何我们想烤的东西。"

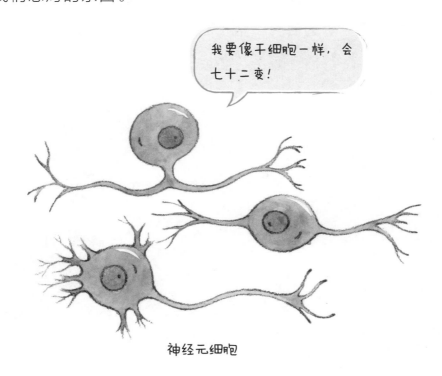

神经元细胞

小华和小宁似乎松了口气。这时，医生走了出来，去联系石先生的家人了。尹哥和小华、小宁再度走进石先生的病房，看到他正看着窗外发呆。好半天，石先生才发现尹哥等人，开口道："谢谢你们替我叫救护车，要不然，说不定我已经不在人世了。"

"不用谢，祝你早日康复！"小宁马上接话道。

石先生苦笑了一下："医生说，我很难康复了。"

"不要灰心，现在医学很发达，会有办法的。我看到
瑞士有一项成功的研究，他们在一只猴子大脑里植入 Wi-Fi

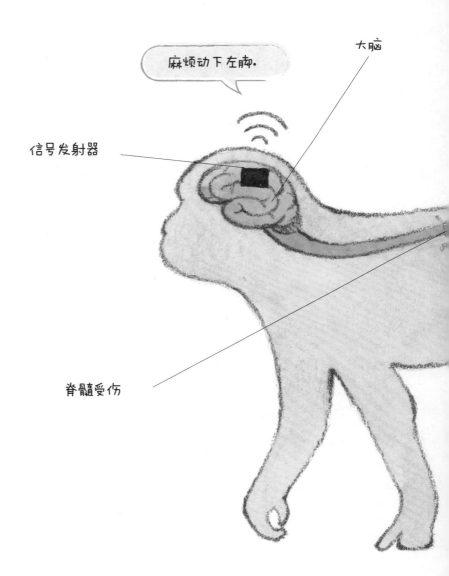

信号发射器，然后在它腰部植入信号接收器，建立了一个人工的信号系统。虽然信号有点弱，但这只猴子最后不仅重新站起来了，还能在跑步机上跑步。"尹哥故作轻松地说。

石先生的眼睛亮了一下，接着又黯淡下去了。"研究

收到！左脚请动一下。

信号接收器

肌肉

而已，不知道什么时候才能应用，而且肯定很贵。"

大家沉默了一会儿，小华激动地说："对了对了，尹哥上次带我们去看的那个展览上有个机器人装备，穿上能够帮助人走路！"

"对，那是外骨骼机器人，穿上后可以走路。以色列、美国、日本都有公司在做，产品已经问世了。"这次尹哥是真的感觉到了一丝轻松。

石先生疑惑地问："真的吗？"

外骨骼行走

"真的真的，不信你可以问医生。"小宁也活跃起来，似乎只要石先生点头，她立马会把医生拉到病房里来。

石先生又沉默了，但看得出来，他已经平静了许多，不再看着窗外，而是在思考着什么。

这时，病房门忽然开了，拥进来许多人，他们都是石先生的亲人和朋友。

"你怎么样？谢天谢地，

你还活着就好！"

他们安慰过石先生后，纷纷握住尹哥的手，表达感谢。尹哥向石先生告了别，走出了病房。

回去的路上，小华和小宁一改往日的活泼，都有些沉默。

"你们看到石先生的家人了吗？他们没有沉浸在石先生受伤的悲伤情绪里，而是因为他还活着而欣慰。"

"他们不想石先生伤心，就像上次我的手摔骨折了，妈妈安慰我一样。"小华说。

"不只是这样。只要活着，一切就有希望。相信随着科技的发展，石先生有机会再站起来。但如果他不在人世了，那么就连这一丝机会都没有了。"尹哥说，"好好地活着最重要。"

小华和小宁若有所思地点点头，和尹哥一起慢慢地走远了。

病房里重新安静下来，石先生的家人有的去找医生了解病情，有的去洗水果，有的去张罗饭菜。这一刻，病房里只剩下石先生一人。他碰了碰毫无知觉的双腿，将目光重新投向窗外，眼神中充满了期盼。

当你读完一本书，是不是想给别人讲讲这个故事？讲得多了，你是不是还会改一改故事，比如，把爱丽丝梦游仙境和三只小猪融合成一个故事？

科学家们也是这样，他们能够读懂基因序列之后，就想要试着动手去改造一番了。

　　不要误会，他们不是要制造出什么怪物，而是要制造已有的生命物质。比如，需要在动物体内才能合成的牛胰岛素，中国科学家就通过人工的方式制造出来了，这可是第一个人工合成的蛋白质。

　　慢慢地，科学家们开始尝试把某个基因添加进另一物种里。比如，为了避免非洲儿童因为缺乏维生素A视力受损，而培育出富含维生素A的黄金大米。毫无意外，他们成功了。

　　而这一切的基础，是我们已经理解了生命的图纸，能够根据组成生命的元素来制造生命。

　　我们的生命活动离不开细胞，细胞的生命活动受到基因的控制。科学家们能通过人工合成的方式，制造出不同

的基因功能模块，这就像我们玩拼图游戏一样，设计一些不一样的拼图块，就能拼出不一样的东西。

同理，这些有着不同功能的基因模块，能让细胞完成不同的任务。比如有的细胞成为"卧底"，它们潜入病菌的基地，发现并杀死病菌；有的细胞变身"运动员"，控制着人体四肢的运动。

只是做一些小拼图片，不能满足科学家们的好奇心。就像我们学书法的时候，往往从临摹开始一样，科学家们也想模仿生命构成，做出一样的来。

于是，病毒成为第一个被模仿的对象。2002 年，美国科学家采用人工的方式，合成了和真正的病毒具有相同功能的人造病毒。不过这个病毒还不能被称作独立的生命体，几年后，名为"辛西娅"的人造支原体的诞生，才能让我们大声地说，人类已经合成历史上第一个人造生命了。

科学家们并未满足于此。辛西娅是原核生物，也就是原始单细胞生物，而真核生物才是高级生命的起点。因此，酵母成为合成复杂生命的目标。

我们国家的科学家也参与了酵母合成计划，2017 年，美国学术期刊《科学》杂志上发表了重磅研究成果，称中国团队合成了 4 条染色体。2018 年，中国科学家把酵母的 16 条染色体合成 1 条，这意味着人类制造了一个全新的物种。

酵母之所以受到科学家青睐，是因为它的应用范围和潜力实在是太大了。比如，青蒿素是治疗疟疾的有效药物，如果从植物中提取，效率很低，数量很少。可如果修改一下酵母基因，把合成青蒿素的相关基因融入其中，让酵母像工厂一样生产青蒿素，不就可以大大提高青蒿素的产量了吗？这种技术就叫作生物制造。

科学家们真这么做了。这些新型酵母不仅能生产青蒿

素，还能经过改造用来生产其他中草药成分、抗体等人类需要的东西。而且，酵母的应用范围不仅限于医疗，食品、工业等领域都有它的身影。未来，酵母这座"食物工厂"生产的彩色啤酒、健康甜品等都可能面世，满足人们的各种期待。

在合成生命方面，我们缺的只是想象力。在合成生命时，科学家们会尊重自然规律，不会轻易制造自然中没有的生物。而那些科幻作品里的场面，未来都有可能实现。想象一下，你会选择合成什么样的生命呢？

来杯彩虹色啤酒！

　　有时候，小朋友们喜欢简单地将人分为好人和坏人，容易对那些脾气不好、易冲动的人产生偏见，认为他们就是坏人。你是否也是这样呢？

　　小华发现，自己在先看到犯罪报道，再看到罪犯照片的时候，会觉得这个人看起来就是坏人。但如果先看到照片，就不会有这么明显的感觉。他知道存在偏见是不对的，但又时刻记得妈妈说的，要警惕陌生人，于是心想，要是有什么方法能判断一个人是不是坏人就好了。这不，又一次看到犯罪报道后，小华向尹哥请教，是不是能从基因上看出来一个人是不是坏人。

　　尹哥觉得小华提出了一个很好的问题，这个问题科学家们也思考和研究过。因为一些罪犯有着类似的性格特质，比如冲动、易怒等，科学家们就想，是不是他们天生就有什么与众不同的地方，让他们做出了犯罪行为呢？尹哥想起了一些研究，就和小华、小宁分享了这些故事。

　　芬兰的科学家针对 900 多名囚犯展开了研究。他们分析了这些囚犯的基因，发现有 10 次以上暴力行为的人，大都携带着两个变异基因。研究发现，这两个基因与情绪失控有一些关系，它们一个叫 *MAOA*，另一个是 *CDH-13*。

变异

美国等国家的科学家也对这两个基因展开过研究，他们发现，这两个基因都能影响人的大脑。

MAOA 就好比大脑中的清洁工，负责疏通情绪的管道。这个基因要是发生了变异，就会开始消极怠工，不再做清扫的工作，情绪就会堆积在大脑中，人就会表现得格外易怒，期待释放情绪，容易做出过激行为。

而 CDH-13 就像一个交通警察，协调着脑细胞。它一旦发生变异，就会罢工，大脑信息传递就会发生混乱，让人做出一些不受控制的行为。

　　既然这么多研究都认为这两个变异基因是罪魁祸首，那我们是不是能凭借它们来判断谁是坏人呢？还是不行。

　　就像有的小朋友会对其他小朋友挥舞拳头，难道我们能就此认为所有的小朋友都会打架吗？显然是不能的。所以，这两个变异基因与犯罪之间的关系，显然不具有因果性。

　　另外，根据芬兰科学家的实验，并非所有暴力犯罪的罪犯都携带着这两种变异基因，那怎么能把它作为一个标准，来给携带这两种变异基因的人贴上坏人的标签呢？这

对那些携带着这两种变异基因，但一辈子都没有犯过事的人来说，是不是有些不公平呢？

的确不公平，毛利人就曾跳出来反对过这种粗暴的判断方式。毛利人生活在新西兰，他们的祖先乘坐独木舟，漂洋过海来到新西兰这块辽阔的土地上生活，无愧于勇士的称号。许多敢于冒险的勇士体内，都携带有 *MAOA* 变异基因，这让他们敢于冒险，因此才有了新的容身之地。他们可不接受人们将他们的勇敢视为潜在犯罪行为，曾为此抗议过。

还有一位从事大脑神经研究的知名教授，曾公布过自

毛利人

己身上发生的一件事。

他在研究脑部扫描图的时候发现，自己的脑部结构与一个臭名昭著的罪犯的差不多。这让他很惶恐：难道这暗示着自己也可能是犯罪分子吗？更可怕的是，他进一步调查发现，自己家族中真的有过不少变态杀手。莫非他真的有犯罪基因吗？可是他在充满爱的家庭长大，热爱学习，积极向上，从来没有过犯罪的想法啊！

这位教授公布这件事，也是为了说明基因与犯罪行为之间，并不存在绝对的决定性。一个人是否会犯罪，还有不少其他的影响因素。只要有一个良好的环境，我们就有把握决定自己的未来走向光明的一面。相反，如果一个人从小被视作潜在罪犯，从而受到监管、歧视，那或许他真的会成为一名罪犯。我们极力避免的事情，却因为我们的行为而成真了，这实在是一件讽刺的事。

生活中，我们不应该随便给别人贴标签。比如，我们不应该觉得调皮的就是坏孩子，老实的就是好孩子，而应该动态地看待他们。一生很长，小朋友们都会成长，做了错事就改正，做了好事理应得到鼓励。我们应该努力帮助每一个人都成为善良的人。

微生物

敬个礼呀握握手，你是我的好朋友。

　　这天，小华生病了没有去学校，小宁细心地把课堂笔记递给他："这是我帮你记的笔记，你病好了再看吧。"

　　小华感动地说："小宁，你真是我最好的朋友。"

　　尹哥听到后，笑着说："其实，你最好的朋友是细菌，特别是肠道菌群。"

　　"怎么会？"小华立刻反驳道，"我怎么会跟细菌交朋友？而且，什么是肠道菌群？我都不知道！"

　　"你不了解它们，它们可了解你，从你出生后就住进你身体里了。它们和你一起长大，知道你爱吃甜的还是酸的，知道你饿了还是饱了；它们还影响着你的想法、你的健康。你说，这算不算好朋友呢？"尹哥看到小华有些恐惧的表情，忍不住笑着逗他。

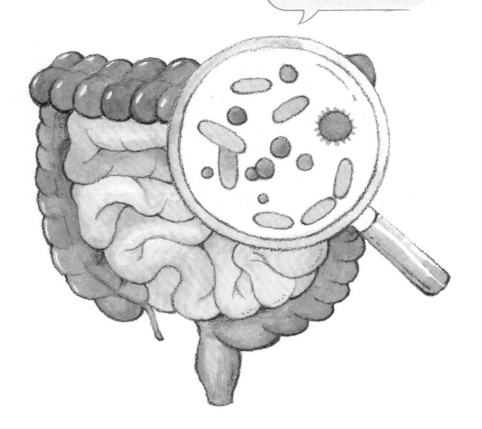

"到底什么是肠道菌群啊？"小宁也好奇起来。

"肠道菌群就是一群住在你肠道里的微生物，它们是个大家族，种类非常多，数量也非常多，大概是细胞的好几倍。尽管肉眼看不见，但要真算起来，在正常成年人体内它们可重达两三斤呢。"尹哥回答。

　　"它们从哪里来的啊？听起来脏脏的。"小华听到这些，感觉有些不舒服。

　　"微生物几乎无处不在，不能用'脏'来形容它们。作为地球居民，它们可比我们出现得早得多。真要论起来，我们得称呼它们一声前辈呢！"尹哥笑着说，"当你出生后，因为吃奶和身体接触，妈妈身上的微生物会逐渐转移到你身上。大概一年后，你肠道里的微生物就和妈妈的差不多一样多了。不要小看这些微生物，它们每天都在帮你消化食物，调节情绪。不过，它们也有脾气，如果你暴饮暴食，或是吃些不健康的东西，它们分分钟让你肚子疼、拉肚子。"

　　小华说："原来我拉肚子是因为它们啊。"

　　"一个人会比较喜欢吃自己家里的饭菜，比如妈妈做的菜，那也是因为肠道菌群习惯了'吃'这些菜。所以，如果哪天你们发现自己想念妈妈做的菜了，那就是肠道菌群在提醒你'快回家吃饭'。"尹哥补充说。

　　"那些小小的微生物居然还会干预我们的大脑？"小华惊叫。

　　"是啊，它们可霸道了，可以分泌化学物质，通过迷走神经建立一条肠道和大脑间的通道，有时候甚至能影响大脑。同时，它们也会保护大脑，使其免受其他细菌的欺负。不过细想想，如果没有这条通道，我们的身体调节能力就没有这么好，大脑也没有办法得到足够的营养。"尹哥说。

　　"这么说，我们还要好好照顾它们，要怎么做呢？"小宁好奇地问。

　　"其实，它们有自己的调节能力，我们尽力维持平衡就好了，比如培养良好的饮食习惯，不要吃太多甜食、肉类，要营养均衡。它们最怕的是抗生素，这会扰乱肠道菌群，影响我们的健康。所以我们生病的时候，不要轻易服用抗生素，或是打抗生素的针。"尹哥回答。

　　"要是它们的平衡被破坏了，自己调节不好，该怎么

办呢？"小华抛出了一个问题。

"这种情况确实会出现，比如超级耐药细菌进入了你的肠道，靠肠道自己调节是没用的，这时候就需要借助其他人的健康菌群了。

"我们可以把健康人粪便中的菌群放到病人的肠道中，帮助他恢复肠道平衡。虽然听起来不太舒服，但确实管用，这就叫粪菌移植，已经在临床上使用了。"

"国外还有'粪便银行'，它接受健康人捐献的粪便，把它们存起来，当有人需要的时候可以领取使用。"尹哥说完，看着小华和小宁一副要吐了的表情，又补充了一句，

"这些粪便都会经过严格的检查，确保没有致病菌，不会影响健康。如果有人不想接受粪菌移植，也可以选择服用粪便药丸，试验显示，效果也不错。"

"天哪，听起来好恶心啊！"这一下，小华和小宁直接叫了起来。

　　"医生可不这么想，在治病救人面前，有效就好。"尹哥纠正道。

　　"可以这么说，肠道菌群是妈妈给我们的最好的礼物，母乳喂养除了能把我们的身体养得健健康康，也能够帮助建立健康的肠道菌群，帮助我们消化吸收，抵御疾病。它们是我们的健康卫士，也记录了人类代代相传的历史。"

　　小华和小宁点点头，开始好奇这些微生物到底是什么样子。

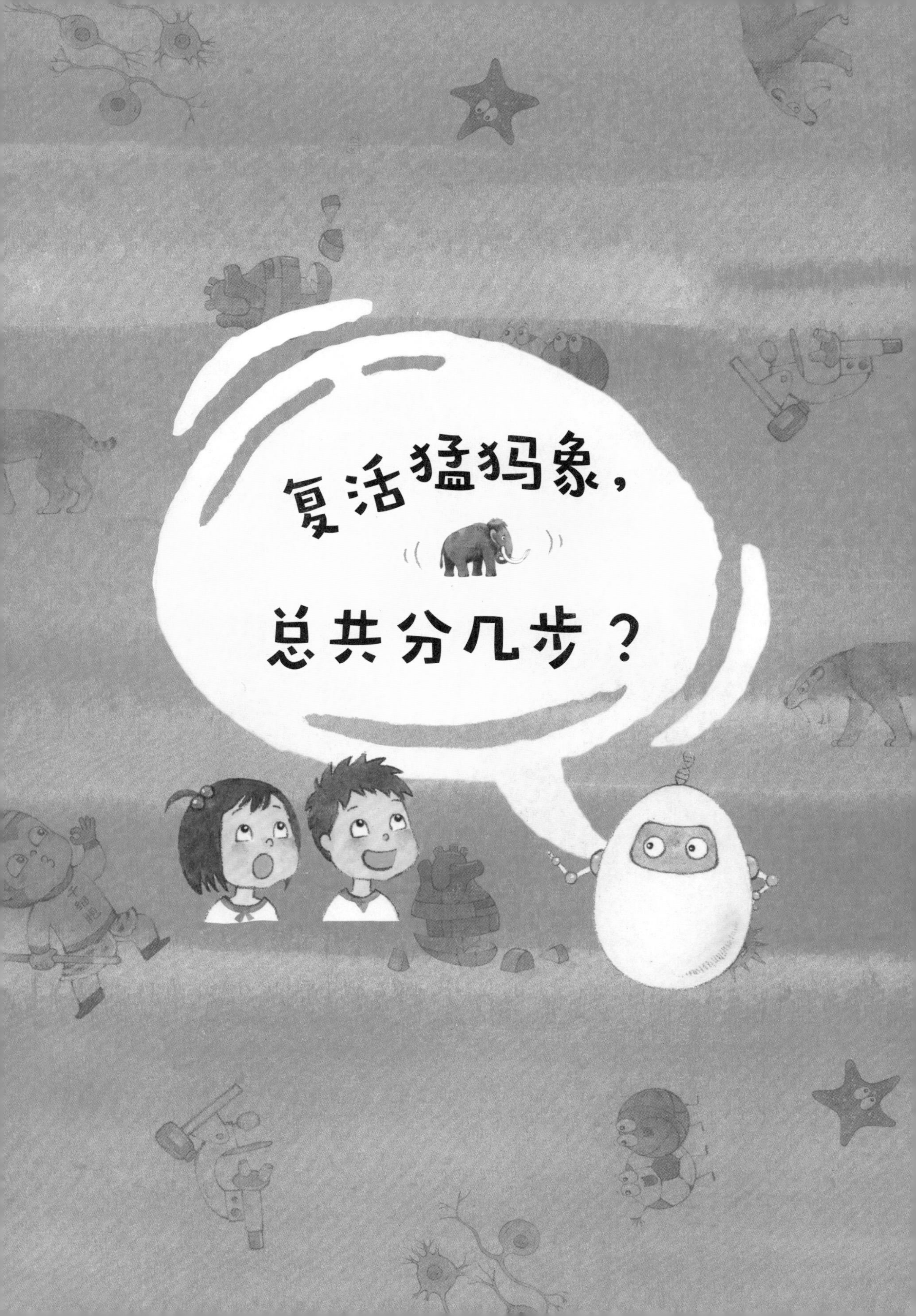
复活猛犸象，
总共分几步？

看完电影《冰川时代》，小宁和小华正高兴地回忆着影片里的情节，还不时地模仿一下。说到好笑的地方，两人哈哈大笑。尹哥被他们的笑声吸引过来，和他们一起说笑起来。

"尹哥，影片里的猛犸象和剑齿虎好好笑，可是它们都灭绝了，好可惜啊。"小华说。

尹哥回答："动画片里的史前动物看起来很有意思，可如果你真的面对它们，可是会被吓得不轻的。猛犸象和剑齿虎的体型都很大，尤其是猛犸象，成年的个体有5米长、3米高，能轻松占据你们家整个客厅。而且，它还有一对1.5米长的门齿，看着就很吓人。成年剑齿虎也有2米多长，牙齿就有12厘米长，被它咬住的动物，很少能活下来。"

"它们为什么会灭绝呢？"小宁问道。

"虽然猛犸象和剑齿虎都很凶猛，但也架不住同时期智人短剑长矛的围攻。要知道，智人脑力、体力、数量的快速发展和增加，可离不开肉食。不过，人类的猎捕并不是猛犸象和剑齿虎等动物灭绝的唯一原因，气候、环境等因素也起了非常大的作用。"尹哥解释。

"我知道，《冰川时代》里展示了，那时候很冷。可是，猛犸象好像不怕冷啊。"小华疑惑道。

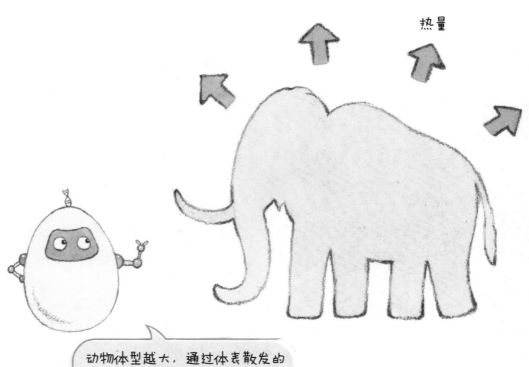

热量

动物体型越大，通过体表散发的热量也就越少，更有助于在寒冷气候中保持体温。

"猛犸象的确不怕冷。它身上覆盖着厚厚的长毛，皮下脂肪厚达 10 厘米，亚欧大陆和美洲大陆那些终年冰雪覆盖的冰原、冻原等地带，正是它们的乐土。可是别忘了，冰期最终结束了，才有了今天的地球。当气温上升，冰川融化时，猛犸象、剑齿虎这些已经适应了寒冷环境的动物，因为没能快速适应新的环境而退出了历史舞台。科学家们一直有一个愿望，那就是让 4000 多年前消失的猛犸象复活，重新回到地球上。"

小宁和小华很兴奋："真的吗？太好了！是像《侏罗纪公园》里复活恐龙那样吗？"

尹哥笑了："别急，还只是设想呢。不过并不只是想象而已，可能性还是有的，至少比复活恐龙靠谱。"

"6500 万年前，恐龙灭绝了，那时距离现在已经很久远了。要知道，DNA 也是有保存期限的，过期了可就没有办法再读取了。像《侏罗纪公园》里从琥珀里的蚊子血中提取恐龙 DNA，基本上是不可能有结果的。"尹哥下结论。

"因为猛犸象灭绝的时间离现在比较近，我们还是有可能成功提取它们的 DNA 的，当然前提是那些 DNA 保存得很好。除此以外，还需要有合适的卵细胞，以及合适的雌

猛犸象

性动物作为新妈妈，孕育猛犸象。"尹哥补充。

"这么多要求，听起来很难实现……"小宁小声说。

"科学家们曾经复活过符合条件的布卡多野山羊，如果猛犸象也符合这些条件的话，也是能够复活的。"尹哥乐观地说。

布卡多野山羊

剑齿虎

"那科学家们觉得猛犸象能符合条件吗？"小华问。

西伯利亚的冻土里有不少猛犸象的化石，它们的DNA已经被提取出来了，非洲象或亚洲象是它们的近亲，能够提供卵细胞。不过，谁来当猛犸象的新妈妈呢？这个问题难住了科学家。

科学家从猛犸象化石中提取DNA

　　"有的科学家想，不如编辑下猛犸象的 DNA，让它们既具备猛犸象的特质，也兼具现代大象的特质，这样胚胎就能在现代大象体内孕育了。实际上，科学家们已经试着将猛犸象的基因片段插入现代大象的基因中，如果孕育成功的话，这些大象就能像猛犸象一样，在寒冷的冰原上生活。如果实在找不到新妈妈，可以考虑做个人造子宫，这就更方便了。不过，人造子宫目前还是一个难题。"

　　此时，小华和小宁的眼中已经满是期待。小宁还不忘问道："猛犸象复活后，会对地球有什么影响吗？"

　　任何一个物种的消失或重现，都可能会对环境带来影

响。猛犸象、剑齿虎等物种消失后，它们生活的冰原逐渐变得荒芜。如果猛犸象重现，它们的粪便将成为冰原上难得的肥料，或许会让植物更繁盛。同时，重达 10 吨的猛犸象在冰原上活动，可能会让冷空气进入冻土层中，气温降低，里面冰封着的巨量温室气体不会释放出来，或许会延缓温室效应。

　　"不过，讨论猛犸象复活的可能，和真的让猛犸象复活，可是两回事。我们要先想清楚，到底为什么要复活史前物种？如果只是为了娱乐，那大可不必；如果有特别重大的意义，也不会威胁现在的生态系统，经过实验后倒是

猛犸象化石

可以尝试。要知道，科学是严肃的，不可儿戏。要知道，相比复活一个过去的生物，我们更应该保护好目前的濒危动植物啊。"尹哥认真地说。

看尹哥这么严肃，小宁和小华也意识到，复活生物可

温室气体

温

不是一件好玩的事，科学不是随便闹着玩的。我们如果想满足好奇心的话，还是在照片、视频里多看看它们吧。如果真有一天，猛犸象真的复活了，那肯定是科学史上又一件值得纪念的事。

埋下种子，静待花开

说孩子听得懂的生命科学

奇思妙想 vs 踏实求知

　　我的童年时代是泡在书海中以及奔跑在田野里度过的。我的父母酷爱读书，印象中家里的藏书不下一万本。父亲在我年幼的时候就常给我讲《山海经》《西游记》，母亲则会挂着相机带我去拍花草，做标本。在能自主阅读后，我自然对《昆虫记》《本草纲目》等书兴趣盎然。不只乐于阅读，我还勤于实践。我着迷于生物的多样，鱼、乌龟、豚鼠、兔子、猫、刺猬……都是我家里的常客，养宠物的

过程中，我也收获了颇多乐趣。

回溯孩提时代，似乎我的人生选择，在那时候就打好了底色。

高中临近毕业时，我获得了多所大学的保送机会。我选择大连理工大学的原因，是它列了 64 个专业供我挑选，其中就有生物工程。

如果说童年对生物的兴趣与光怪陆离的想象有关，那么成年后走上生命科学的研究道路则源自踏实求知。

在华大基因工作期间，我读了博士，主持了不少科研项目，发表了 40 多篇论文。担任 CEO 职务后，我发起了不少公益计划，也开展了一些科普项目，为对生物

科技感兴趣的朋友讲述科学故事。读者朋友中有不少小朋友，每次看到家长发来的肯定，我都欣慰不已。我和团队小伙伴们还常在中小学乃至幼儿园开办科普讲堂，孩子们的求知热情让我振奋，他们的知识面也让我惊讶不已，越发觉得科普是一件有意义的事。

在我小的时候，科普书的种类并不多，印象中只有《十万个为什么》《百科全书》是给孩子看的。到了我的

孩子这一代，我发现好的科普书多了许多，每每在亲子阅读时，那些优秀的科普书连我都看得很入迷，仿若童年重新来了一遍。但这些经典科普书大都引进自国外，不少科普大 V 推荐的少儿科普，绝大多数也来自国外。这也是我决定推出这套少儿科普的原因，我要让中国的孩子能看到本土原创的科普书。

在个人的成长过程中，我感受到，孩子的兴趣是能影响他的人生选择的。兴趣是最好的老师，如果说 21 世纪是生命科学的世纪，这 100 年里，中国的生命科学发展，有赖于几代孩子自发投身其中，希望有正在看这本书的孩子的身影。

静待花开 vs 拔苗助长

当孩子问你"我是怎么来的"时，你是怎么回答的？当孩子问你"为什么我们和蚂蚁不一样"时，你又会如何解释？与得到回答相比，学会提问

是孩子更大的进步。在孩子问出有价值问题的时候给出同样有价值的回答，则是对父母更高的要求。

焦虑是现代父母的普遍心理。现代社会的精英教育模式与孩子出生便面临的竞争，不仅给孩子压力，父母也不轻松，恨不得让孩子样样精通，拥有十八般武艺。

事实上，生有涯，知无涯。孩子面对的是复杂而未知的世界，教会他如何与世界和自然平和相处，让他在俗世中感受幸福，是父母应该做的事。幸福感如何获得？比如求知探索，建立自信，找到兴趣所在，持之以恒地探索。

已知圈越大，未知圈也越大，求知不是单纯地学习知识，更多的是一种思维方式的锻炼，教会孩子从万变中找出不变，将未知变成已知，且不惧未知。

组成我们每个人基因的基石都是一样的，都是 A、T、C、G 四种碱基。你和万物相联结，和路边的野草是远亲，和鱼有 63% 的基因相似，和黑猩猩基因相似程度达 96%，和路人有 99.5% 相似的基因，遑论你的孩子，他们和你有着最深的羁绊，最亲密的缘分。孩子的基因全从父母处来，但他们的人生却不受父母的限制。他们是自由的，是创造了奇迹的生命。

不要试图逼迫孩子对什么东西感兴趣。如果你想引发孩子对生命科学的兴趣，不妨自己先读这本书，然后化身尹哥，和孩子交流。相信孩子的问题会让你惊喜，你们之间的交流会让你惊讶。那是生命的神奇——一个弱小的、曾被全天候照顾的宝宝，脑袋里却藏着整个宇宙的奥秘。你会为此感到幸福。

沉浸式阅读

既然我立志要"说你听得懂的生命科学"，这个"你"，自然也包含孩子。在《生命密码》的知识点基础上，少儿版既做了难度上的简化，也用漫画的形式丰富了内容，以引发孩子们的兴趣，便于孩子们理解。

我们努力将每一个故事的发生场景化，让孩子们进入角色，沉浸其中，在体验中学习。

　　我们尝试为知识点配上漫画，通过视觉化效果既浅显又生动地传递信息。

　　相较于知识填鸭，我更倾向于互相提问和启发式地学习。我们把自己的思维放在和孩子的思维同一高度，平等地进行朋友式的沟通，激发孩子的内啡肽驱动性，让他由兴趣开始，去自发地学习。毕竟，科学也并非永远正确，但科学的价值就是让人类的认知在不断被推翻中前进。

　　故事里的小华、小宁，可以是我们身边每一个脑袋里装着十万个为什么的孩子。借他们之口，我们在问答中沟通，体会生命科学的趣味。如果你也有自己关心却没从书中得到解答的问题，欢迎在"尹哥聊基因"公众号留言告诉我们。

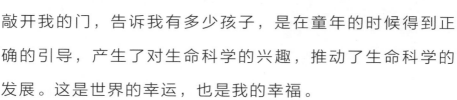

　　在我的想象中，会有那么一个早晨，当我老去的时候，有人敲开我的门，告诉我有多少孩子，是在童年的时候得到正确的引导，产生了对生命科学的兴趣，推动了生命科学的发展。这是世界的幸运，也是我的幸福。

　　谢谢你选择这套书，我们离"让生命科学流行起来"的目标又近了一步。少年强则中国强，当孩子对生命科学感兴趣，我仿佛已经看到了中国生命科学持续引领世界的未来。